U0186717

筑景
生情

家庭庭院小景打造

凤凰空间 · 华南编辑部　编

江苏凤凰美术出版社

目录

第一章 庭院小景的东韵西情

第二章 东方神韵

第三章 西方风情

第一章

庭院小景的
东韵西情

一、庭院小景的概念

庭院小景在专业上被称为园林小品，是庭院中的点睛之笔，是园林中供休息、装饰、照明、展示和方便游人使用及园林管理的建筑设施。庭院小景主要指那些功能简明，体量小巧，造型别致，带有意境，富有特色的小型建筑物或小型艺术造型体。

（溯源："小品"一词来源于佛教经典，指简略的、篇幅较少的经典作品，后被引用于文学，指随笔、杂谈之类短小的文章，称小品文，是小而简的意思。）

人像雕塑小景

精致的日式水景

二、庭院小景的发展

1. 东西风格交融的小景

　　中国古典园林"师法自然"，西方古典园林"师法几何"，各自在其体系中发展出了极具特色和历史文化内涵的传统园林风格。随着时代的发展和科技的进步，东西方不同风格的园林设计体系相互学习、交融、互补，更多的地域因素、设计手法和景观元素参与到现代园林的构建中。

西方园林设计风格

东方园林设计风格

2.庭院小景的新生

过去，庭院小景一般体量较小、色彩单纯，近几年应用上追求体量变化和吸引眼球的效果。小景对空间起点缀、主导作用，成为园林景观体系的重要组成部分，在一定程度上担任表现人文风情、体现文化内涵的角色。小景是园林中丰富多彩的内容，以其美观的造型，起着满足功能、点缀环境、烘托气氛、加深意境的作用。

雕塑装饰

小型装饰

造型装饰

组合花架

三、东西方园林风格简析

1. 中式庭院

（1）什么是中式庭院

中式庭院是在现代文明背景下，在意蕴深厚的中式风格基础上，加入了一些现代理念的精华，打造出的兼容并蓄的庭院。

（2）打造中式庭院

中式庭院强调"师法自然"的生态理念，以自然风光为主体，将庭院万象有机地融为一体，且注重文化积淀，一般通过结合植物、铺装、亭、廊、榭、叠石、水景等元素，打造色彩素雅、意境无穷的空间。

叠石水景

中式庭院种植的植物多是形态优美，且具有美好寓意的植物，如玉兰、桂花、海棠、芭蕉、山茶、牡丹、梅、竹、兰等。植物、铺装、装饰摆件的选择应与建筑的格调、内涵相互协调，叠石配合池泉、亭廊轩榭，桌椅常选用木桌椅或石桌椅。

庭院一角

2. 日式庭院

（1）什么是日式庭院

日式庭院，将造园与禅宗相结合，精巧细致，极富禅意和哲学意味，形成了"写意"的艺术风格。日式庭院中最典型的"枯山水"庭院，"于无池无遣水处立石，名曰枯山水"，即并没有水，而是用块石、砂石、苔藓、树木等来呈现，这些元素在修行者的眼中就是山脉、海洋、岛屿、森林等。

（2）打造日式庭院

日式庭院常用的植物有日本红枫、山茶、杜鹃、竹子、苔藓、蕨类植物等，日本庭院很整洁，灌木修剪得很整齐，讲究返璞归真、守拙为美、天人合一的境界。

常见的日式庭院装饰元素有石灯笼、蹲踞和逐鹿等。

石灯笼，表达"立式光明"的意思，是日式庭院的守护神，或立在水池边，或藏于草丛中，是日本石文化的重要内容之一。

蹲踞，通常是石制，并摆放有小竹勺和顶部提供水源的竹制水渠，用于茶道等正式仪式前清洗双手，并有净化心灵的说法。

逐鹿，也叫添水、惊鸟器、惊鹿，最初是用来惊扰落入庭院的鸟雀。利用杠杆原理，通过储存一定量的流水打破竹筒两端的平衡，然后竹筒的一端敲击石头发出声音，水满，声响。

蹲踞与石灯笼

逐鹿

古典浪漫的庭院

清新素雅的庭院

3. 欧式庭院

（1）什么是欧式庭院

欧式庭院由欧式古典庭院发展而来，具有丰富的想象力及创造力，经过沿袭、创新、发展，现已经呈多元化趋势，有一些庭院是严格的规则式，有一些是非规则式的，主要有英式自然风格庭院、意大利风格庭院、法式庭院、地中海风格庭院等不同类别。

（2）打造欧式庭院

欧式庭院具有浪漫气息，水池喷泉、纪念雕像通常设置在庭院中心，如以古典神话为题材的大理石雕像。此外，小天使摆件、供小鸟戏水的盆形装饰物、古典装饰罐、红陶罐也常被运用到欧式庭院中。

欧式庭院并不一定是华丽炫目的风格，也有素雅的小清新风格，目的在于提升人们的舒适感，使人在庭院中得以放松。英式自然风格庭院追求自然，在保持自然植物原本面貌的同时，尽量与周围的环境融为一体。法式与意大利风格庭院有中轴线，左右两侧一般做对称设计。

4. 现代简约风庭院

（1）什么是现代简约风庭院

现代简约风庭院追求简洁干净，避免烦琐、过度的设计，这种设计理念适应快节奏的现代生活。但是简洁并不等于简单，现代简约风庭院的设计讲究实用性与功能性，对色彩、材料的要求较高，简约又不失格调、干练、明朗，达到少即是多的效果。

现代简约风庭院

（2）打造现代简约风庭院

现代简约风庭院的装饰元素以简洁为主，一般摆放具有现代感、实用性强的桌椅，庭院选择的植物也很精练，草坪一般为庭院的主题，搭配一两棵大树及少量的灌木，常用到的植物有棕榈科植物、小叶女贞、彩叶草等。

在设计现代简约风庭院的过程中，可以将原材料、色彩、设计元素尽可能简化，但同时要对材料、色彩的质感有一个较高的要求，一般选择的色彩以黑、白、灰等冷色调为主，灯光选择暖色调，装饰、铺装等讲究造型比例、大小合适，一般采用新型的材质，打造出简洁干净而又舒适实用的庭院空间。

庭院与草坪

庭院与泳池

汀步

四、庭院小景的构成

庭院小景具备观赏性和功能性，具有分类繁多、样式多变、功能性明确等特点。包括：

建筑小景： 亭台、楼阁、牌坊、廊等；
艺术小景：雕塑、置石、文化作品等；
基础生活设施小景：座椅、景观灯、指示系统、垃圾桶等；
道路设施小景：车挡、路灯、防护栏、道路标志等。

不同类别的庭院小景根据不同的功能性和场景需求，和植物、铺装、水景等其他设计元素相配合，兼备观赏性、功能性，体现内涵，彰显文化，表现风格。

1. 庭院家具

庭院家具主要指用于庭院户外或半户外的家具，除了具有功能性还兼有观赏性，在庭院中有重要的作用。现在庭院中运用得较多的家具有桌椅、洗手盆、遮阳伞、秋千等。

（1）桌椅

庭院家具，最常见的便是桌椅。桌椅既能起到装饰美化的作用，又有实际的生活休闲作用。闲暇时，坐在庭院中品茶看书，不失为人生一大乐事。

庭院大多为户外环境，家具会经受风吹、日晒、雨淋，所以选用桌椅时，除了需考虑美观因素外，还应根据实际的需要，选用合适的材质。

木质桌椅一

①木质类桌椅

木质类的桌椅往往给人一种自然温馨的感觉，庭院中使用的木质类桌椅最好选用以防腐木为主的户外桌椅，否则容易变形腐烂。

木质桌椅二

木质桌椅三

②金属类桌椅

金属类桌椅的造型多样，风格多变，适合多种不同风格的庭院，但需注意防晒和防锈。

铁艺桌椅一

铁艺桌椅二

铁艺桌椅三

③石材类桌椅

石材类桌椅不容易损坏，给人一种自然大气的感觉，一般较沉重，不方便移动，确定好桌椅在庭院中的位置后，一般不再移动。

石材类桌椅一

石材类桌椅二

④其他材料类桌椅

现在有越来越多适合户外使用的新型复合材料桌椅，如木塑、玻璃钢等材料的桌椅，有造型多、抗性强等优点。

复合材料桌椅一

复合材料桌椅二

（2）洗手盆

庭院中的洗手盆可以用于浇灌植物、劳作后清洁、聚餐等活动，为庭院活动提供了更多的方便，能提升幸福感。带组合柜的洗手台可以作为庭院的操作台及收纳庭院工具的储物柜，要注意做好防水处理。

洗手盆

组合式的洗手台

（3）遮阳伞

想在庭院中好好地休息一番，或想避免庭院中的桌椅或者其他家具直接受日晒雨淋，这时候设置遮阳伞就很有必要了。庭院遮阳伞有木伞和铝合金伞，一般选择铝合金伞，可以避免遮阳伞在户外受潮腐朽的情况。庭院遮阳伞可以分为中柱伞和侧柱伞，选择不同的遮阳伞时，应从庭院大小、风格等方面来考虑。

中柱伞一

①中柱伞

中柱伞的伞柱在中间，小巧且便于移动，适合小庭院使用。中柱伞需要在桌子中间穿孔，会造成一定的空间浪费。

中柱伞二

②侧柱伞

侧柱伞顾名思义，就
是伞柱在一侧。侧柱伞适
合放置于空间较大的庭院
中，空间利用率高，方便
撑开与收拢。

侧柱伞

（4）秋千

"蹴罢秋千，起来慵整纤纤手。露浓花瘦，薄汗轻衣透。见客入来，袜划金钗溜。和羞走，倚门回首，却把青梅嗅。"读完词人李清照写的一首《点绛唇·蹴罢秋千》，很多人对在庭院里放置一个秋千产生了向往。秋千是孩子的玩伴，也是庭院中一道独特的风景。庭院秋千按形式可分为简易秋千、秋千吊椅和秋千吊篮。为了保障安全，秋千要定时进行检修，着重检查吊带接触的连接点，以及进行防潮、防腐处理。

①简易秋千

简易秋千总能让人想起童年的时光，两根绳子和一块木板做成的秋千，很简陋却让人心生满足，离开地面荡至高处，感受着耳边的微风，把烦恼抛一边。

简易秋千

②秋千吊椅

秋千吊椅适合两个人一起坐在上面聊天，谈到有趣的事，两个人一起放声大笑，或者静静地不说话也好，带上书和一杯热茶，各自做自己的事情，安静却很和谐。

秋千吊椅

③秋千吊篮

在外面疲惫奔波了一天，回到家后，只想窝在秋千吊篮里安静地放松一下身心，躺在上面有一种满满的安全感，像是回到了婴儿时期的摇篮。

秋千吊篮

2.庭院园艺器材

（1）花箱和花盆

花箱与花盆不仅可作为庭院植物栽植的容器，还可以与庭院里其他装饰摆件结合，构成优美和谐的庭院景观。

造型花箱一

①花箱

花箱一般呈箱子状，容量较大，适合种植较大或较多的植物，能突出庭院的整体风格。现在市面上比较常见的花箱有防腐木花箱、铝合金花箱、PVC花箱、塑木花箱等。

造型花箱二

陶质花箱

②花盆

花盆适合栽植小巧的植物，点缀装饰庭院。选择花盆时，要从庭院风格、植物特性、花盆质地形状等角度进行考虑。

按花盆的材质划分，可分为木制花盆、瓷盆、陶盆、瓦盆、塑料花盆、水泥花盆等。透气性较好的是木制花盆、陶盆和瓦盆，瓷盆的色彩图案较多，塑料花盆的款式丰富，水泥花盆是近年来颇受欢迎的花盆类型。

红陶盆

各种类型的花盆

石材花钵

耐候钢花器

植物造型

（2）花架

　　花架是最适合庭院攀援类植物生长的地方，如藤本月季、铁线莲、炮仗花、凌霄花、葡萄、葫芦等。待植物爬满了花架，静静坐在花架下的长椅上，看着架子上的花与叶在微风中摇曳，星星点点的阳光洒落下来，该是多么惬意啊。

　　竹绳结构的花架，适合种植草本的攀援植物，如茑萝、牵牛花等，金属、木材等结构的花架较坚固，适合种植大型的藤本植物，如凌霄花、藤本月季、铁线莲等。

木廊架

铁艺花架

（3）园艺工具

园艺工具也是庭院装饰摆件的一部分，包括铲子、耙子、园艺剪刀、水壶、园艺工具收纳小推车等。一套好用、安全的园艺工具对于园丁来说也是必不可少的，若是高颜值的园艺工具，更能为庭院加分。

花铲和花耙一

水壶

花铲和花耙二

3. 庭院灯光

庭院灯光，不仅可以保障人们在夜晚行走的安全，还能丰富庭院夜晚的景色，给人以精神上的影响。明亮的灯光使庭院有一种欢快、生机勃勃、欣欣向荣的氛围，柔和的庭院灯光又能给人以温暖的慰藉，使人感觉到平和、舒适。设计时应根据具体的需求来选择不同的灯光效果。

台阶灯

（1）常规照明

常规照明一般是为了保证庭院夜晚的可视性和安全性，是不可忽视的，包括壁灯、吊灯、路径灯和台

壁灯

阶灯等。壁灯主要起到中间照明的作用，一般安装在庭院的墙体上；户外以及屋檐的吊灯起到顶部照明的作用；路径灯和台阶灯主要是照亮园路和台阶，保证行人在庭院的行走安全。使用一些别出心裁的常规照明，同样能为庭院增添色彩。

（2）效果照明

效果照明是为了衬托庭院景观、烘托气氛，虽然不是必需品，但是能为庭院打造出更好的氛围。

射灯，以植物、小品、雕塑为照明重点，通过光线的反射、烘托、遮挡等，着重突出庭院里的景观。

射灯的应用

灯光夜景

小串灯是现在比较流行于小庭院的一种灯饰，可以很好地增加气氛和情趣。串灯有插座版和电池版，电池版虽然要更换电池，但可以不必局限于插座的位置而使用，可随时更换位置。

小串灯打造浪漫氛围

小串灯的应用

4. 庭院摆件

（1）雕塑

雕塑，是用木头、石头、金属等材料通过雕、刻等方法或者用黏土、树脂等可塑材料创造出的具有艺术感、美观的形象。

在进行庭院雕塑的摆设时，须注意雕塑要与庭院的环境相和谐，并符合庭院主人的审美要求，摆放时要选择合理的位置，以及选择体量合适的雕塑摆件，太大了显得庭院空间逼仄，会喧宾夺主，太小了则达不到好的装饰效果。

鹿雕塑

喷泉雕塑

（2）小摆件

　　小摆件，是点缀庭院景观的装饰品之一，一般体量小巧，造型精美。小摆件品类丰富，可以是一个废弃后被重新上色的车胎，一个栩栩如生的铁皮公仔，也可以是一个悬挂在门廊上的风铃。颇具趣味、精致美观的小摆件与建筑、铺装、植物等相互衬托，可以使整个庭院景观更加协调美观。

风铃

吊篮

人物摆件

动物摆件

五、庭院小景的打造

1. 植物搭配

植物是庭院的灵魂，在庭院里，栽植、养护植物，是人们亲近自然，与自然沟通的途径之一，能增添生活乐趣。

植物造景可以围合出自然的绿色空间，如开敞空间可用低矮的灌木或小乔木来围合，半开敞空间通常采用分枝点稍低一些的乔木来围合，周围配些低矮的灌木球。通过乔灌木搭配，打造空间氛围。

乔木可作为空间构造的骨架；稍矮一些的灌木可以用作庭院的遮蔽围合，增强庭院的私密性，点缀庭院空间；草花等植物，可与铺装相配合；攀援植物可设计种植在庭院入口拱门处，或者对庭院墙面进行修饰。除了花卉外，还可以选择在庭院种植蔬菜或者果树，既能观赏又能食用。

多层次的乔灌木

藤本月季

庭院植物的多样性能让庭院景观更丰富，在进行庭院植物的设计时，要考虑植物与硬质景观风格的匹配度，如中式风格庭院可选择蜡梅、罗汉松、美人蕉等植物，日式风格庭院可选择红枫、苔藓等，充分运用自然要素造景，将庭院中的山水、植物、建筑有机地融为一体。

日式风格庭院

植物的选择不仅要适合庭院的整体风格，还要考虑庭院所在地的气候条件、土壤情况、园主的时间精力等因素。植物是为了让生活更美好，不要因为选择不合适的植物而给自己带来过多的烦恼。

选择庭院植物时
注意春夏秋冬的
季相变化，尽量
保证一年四季皆
有景可赏

2. 把握造型和尺度

园林布局应坚持"巧于因借，精在体宜"
的原则。造型大小要因其具体环境而定的尺
度来把握。在当代园林中，园林建筑、小景
造型设计要从园林风格出发，选择符合园林
尺度的体量，具体体现在比例、对称、均衡、
节奏韵律、对比统一等原则的运用。小庭院
偏玲珑精巧，大气的庭院则需要焦点景观，
突破界限。

大庭院注重节奏

小庭院注重各元素间体量的配合，打造和谐精致之感

阳台一角景观

天台花园的布置

　　从园林观赏角度出发，人的视觉包括视觉角度、视觉距离、视线通透感和清晰度等，与植物的高低、质感、体量、色彩、疏密变化的差异密切相关。通过植物个体及组合的视觉变化，给游人带来不同的心理体验。

　　10 ~ 15 cm 高的草坪，能用少部分矮生草花、蔓生植物覆盖地表，美化及装饰开敞空间，这类空间视线通透，对人的活动和心理不起阻隔作用，却又能暗示空间边缘。

　　低矮灌木丛在 80 ~ 90 cm 之间，这种高度区间的植物空间实体感强，能起到实空间的阻隔、围合作用。此高度区间的植物对实体空间有影响，植物种植密度、占地面积能明显影响视觉观赏体验，带来空间构筑效果。

乔木与草坪带来开阔的视野

灌木丛的空间实体感强

不同植物密度的灌木丛带来不同的空间体验

狭长的过道促使游人快速通过

超过180cm高的乔木打造的景观能起到较强的视线引导作用，构成封闭、围合的垂直空间，给人以安全感、私密感，同时能诱发人们孤独、向往、好奇、联系等心理感受。

小桥提供停留观赏的空间

3. 庭院小景的色彩运用

　　庭院小景色彩的恰当运用能增添景致自身的观赏性，为环境增添视觉亮点，增加小景的内在含义。不同的颜色传达不同的信息，例如，灰色带来中庸、平凡、温和、谦让、中立的感觉，橙色代表阳光、积极、乐天、热情，紫色代表优雅、高贵、神秘、不安等。合理地运用色彩搭配，能够打破场景天然的单调乏味，打造别样的艺术氛围。

摆件配色丰富

　　日常植物造景可以通过搭配鲜艳的庭院设施，打造充满活力的氛围，例如庭院中的儿童玩乐空间几乎都是色彩鲜艳、对比度强的，而雕塑、禅意空间，都通过黑白灰等冷色调进行配色。了解颜色传达的信息，能够更好地打造庭院的意境。

与植物颜色相协调

不同的场景搭配
不同的颜色，让
主题鲜明统一，
景观和谐

地中海花园一角

东南亚花园一角

欧式花园一角

第二章

东方神韵

禅茶一心

设计单位
成都艺境花仙子景观工程有限公司

花园面积
150㎡

项目地点
云南丽江

庭院设计元素解读

 **庭院设计手法**

本庭院是一间客栈的中庭，小巧精致，设计上运用日式庭院元素和中式庭院借景等手法，打造一个亲近自然、富有意境的空间。景观兼备观赏、采光、休憩等功能。

铺装	冰裂纹铺装、天然石板、鹅卵石
植物	苔藓造园
水景	竹水造景、石磨流水
石景	天然岩石散置
装饰摆件	石灯笼大小组合搭配

铺装

冰裂纹嵌步石铺装园路，外围铺鹅卵石。

玉龙雪山和长江流域的天然石板、鹅卵石，其不规整的形状为庭院增加野趣和自然气息，冰裂纹铺装不规则的纹路配合步石，跳跃而富有动感，契合庭院风格。

冰裂纹铺装

步石

植物

苔藓以其功能性和灵活性特点，在日式庭院中得到广泛应用。苔藓以其顽强的生命力和广泛的分布，被赋予平和和坚韧的含义。考虑采光的需求，本庭院不适合大量乔灌木造景。富有禅意的苔藓园，既保留了开阔的空间，又美化了庭院。

苔藓铺地

苔藓

乔灌木造景高低错落有致，高挑的乔木突破平直围墙天际线的界限，与庭院外的山林相容，将视野空间拓展得更广阔，类似中式造园手法里的"借景"。

借景

水景

日式庭院中常见水景"鹿威"，也叫"添水"，通过竹筒里缓缓蓄满流水，水满竹倾，水去竹升，如此反复。本庭院中的石磨水景、竹水景观，简单雅致，朴素大方，水声潺潺，打破庭院的静谧。

石磨水景　　　　　　添水

石景

在日式庭院中，沙子和砾石象征着河流，石头代表着山峰。置石的布置方式分为特置、孤置、群置、散置和作为器设小品等。本庭院中的置石来源于玉龙雪山和长江流域，形态各异，富有自然气息，散置在庭院中，与植物、水景搭配，为庭院增加野趣。

石水钵

置石

装饰摆件

石灯笼，有大中小三种不同体量，精心挑选，仔细放置在庭院各处，既具备照明功能，又能配合营造庭院氛围，美化空间。

石灯笼一

石灯笼二

石灯笼三

庭院赏析

安驿客栈建筑为四合院式造型，主体景观部分为狭长的中庭区。景观设计时对原有建筑进行了大量的改建，增加房间的视野范围和使用空间，延伸观景休闲平台，加强建筑与景观的联系和层次，让建筑、卧室、景观融为一体，让旅客在客栈度过的时光，充满清澈的自然与阳光，清新、慵懒、舒适。

茶室

中庭区主要为观赏和休闲性景观设计。作为所有房间都要面对的景观中枢，根据房间不同的视觉方位，进行了不同层次的自然空间营造，力求每个方位都有唯美的画面感。

中庭从门头开始，蜿蜒的彩石小径、清澈涓细的溪流，精致自然的小桥，东南亚风情的休闲亭，禅意的流水钵、旱景，花丛中轻轻摇曳的秋千，和自然生态的绿化结合，让旅客一进入小院就感受到浪漫的慢生活情调。

东南亚风情休闲亭一

东南亚风情休闲亭二

天然石材造景一

为了营造充满自然生态，野趣禅意的景观空间，材质全部使用天然材料，大部分就地取材。设计师和施工团队专门驱车到玉龙雪山和长江寻找天然石板和卵石、景石，运用它们的天然质感和色彩，因材施工。园区色彩斑斓的路径和生态水景均来自设计师现场对这些材料的合理应用。

天然石材造景二

近低远高的植物搭配

　　植物品种根据丽江充足的阳光和现场环境配置，使用了三角梅等色彩纯正鲜艳的开花植物，便于立体空间的融和柔化。地被也充分根据植物特性进行仿生学搭配，达到虽由人作，宛自天开的意境。

植物造景与石景、水景配合

低矮的铺地植物有利于打造开阔的视野

入口

中庭

庭院一角一

庭院一角二

城中山居

设计师	花园面积	项目地点
俞啸锋	100㎡	浙江

庭院设计元素解读

❀ 日式庭院植物配置

日式庭院中的植物用量不多，却很精致。日式庭院在植物配置上有一个突出特点，即同一园内的植物品种不多，常常是以一两种植物作为主景植物，再选用另一两种植物作为点景植物，层次清楚，形式简洁。例如一棵红枫和几丛灌木的搭配，既丰富多变，又构图均衡。通过巧妙的修剪和植物搭配，创造出独特的日本园林植物景观。

多花筋骨草

种类		形式
常绿乔木	针叶树：红豆杉、榧树、日本花柏类、日本扁柏类、柏书树类。 阔叶树：宽叶山月桂、栎树类、光叶石楠、樟树、铁冬青、月桂、山茶、荚迷锥栗树、荷花玉兰、女贞、日本女贞、姬虎皮楠、桂花类、冬青、厚皮香、杨梅、虎皮楠等。	挺拔秀丽的常绿乔木，常作为庭院造景的中心，作为主体树木沿着庭园的四周或者边界栽种栎树类、山茶类、桂花类植物。虎皮楠等植物，可构成一道绿篱，这类植物耐阴性强，颇耐修剪，作为绿篱使用，可修剪成圆柱形、球形等形式。
落叶乔木	梧桐、梅花、安息香、枫树类、连香树、木瓜、麻栎、光叶榉、短柄栎、日本辛夷、樱花类、紫薇、白桦、婆罗花、朝鲜花楸、山茱萸、日本紫茎、木槿、玉兰类、四照花等。	落叶乔木常种在门旁的树池里、通道边。此外，还能以常绿树为主庭的背景栽种在前侧，或孤植，数棵丛植在草坪上。另外，习惯上把落叶乔木作为掩饰石灯和瀑布的衬景树。
常绿灌木	刺柏、矮紫杉、铺地柏、日本桃叶珊瑚、马醉木、钝齿冬青、冬山茶、小叶黄杨、栀子、石楠杜鹃、厚叶香斑木、瑞香、华南十大功劳、圆柏、杜鹃类、海桐、阔叶十大功劳、光叶柃木、金丝桃、十大功劳、大叶黄杨、龟甲冬青、厚叶香斑木、朱砂根、八角金盘等。	庭院配置时，可以种在乔木下面加固树根遮盖露土，或种在石净手盆边作为衬托物，还可以群植，修剪成假山状。
落叶灌木	八仙花、锯齿冬青、金雀儿、角八仙花、金丝梅、麻叶绣线菊、日本吊钟花、卫矛、胡枝子、垂丝海棠、紫荆、贴梗海棠、芙蓉、金缕梅、三叶杜鹃、紫株、棣棠、喷雪花、连翘等。	落叶灌木常配置在树木下和树林的空地上，孤植或群植在石净手盆和石灯旁边。
植被苔藓	植被：玉簪、麦冬、大吴风草、一叶兰、富贵草、金边阔叶麦冬等。 苔藓：曲尾藓、雨藓、砂藓、节茎曲柄藓、白发藓等。	用于覆盖裸露地面。

黑松

槭树

箱根草

庭院赏析

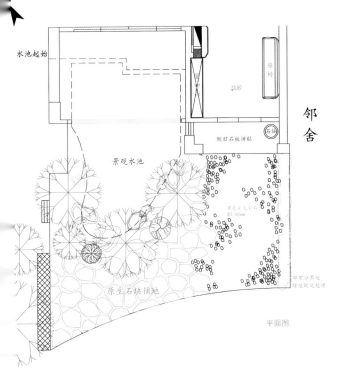

水池起始

景观水池

做旧石板拼贴

黑色玉龙石
30-50mm

原生石块铺地

这里分界处
堆坡绿化处理

平面图

邻舍

花园地处杭州临平城区闹市之中，原有小区内建筑为简美风格，分为南北向两个花园。入户的北院主要为停车区域。花园主人喜欢茶道和禅宗文化，希望自己的庭院呈现这样的风格。院落的布局也颇为讲究：花园之势，讲究北高南低，形态上达到北山南水的布局。

前院占地面积约 70 m^2，南向，面朝室内的茶室区域，室内视角又正对小区道路，人来车往较频繁，私密感较差，因相关法规的限制，只能考虑软景分割，但还需预留出停车区域。

根据花园主人的要求，结合院子的实际情况，设计师与花园主人多次沟通后，最终确定下了方案。

锦鲤

鱼池

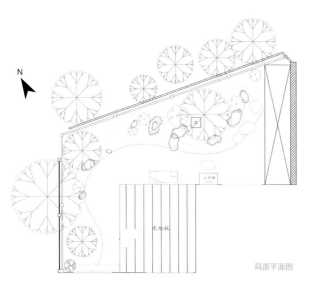

局部平面图

后院占地面积约 $30m^2$，北向，三侧与邻居花园相邻，光照条件不足，原有地势平坦，排水条件较差。

庭院鸟瞰

庭院一景

从设计之初，贯穿整个施工过程，设计团队都在找寻一股安静的力量。生活的杂芜，使人心烦躁，不能领略万物之美；紧张的生活节奏和沉重的工作压力使现代人强烈地向往着安详宁静。

用最普通的材料，叠山理水，堆土造坡，随着时间的推移，这些山石、竹垣、植物渐渐剥落其表象，流露出其本质。这些超越外在和时间的美，不虚张声势，却又历久弥坚。

叠石

水景与灯光

　　在整体的植物配置中，选枝繁叶茂的植物隔绝外界的喧嚣嘈杂，保护隐私、分隔空间，在室内享受四季的景观变化。山因水活，水随山转，山石中的流水饱含力量，却又低调内敛。从外边向内看，不显山露水，有难得的一种安静气质，整个前院仿若一幅山石交融的天然画卷投进水面，更被临水茶室尽收眼底；而后院光照的稀缺更有另一番静的境界：竹垣前，以高低起伏的土势拟山，勾勒山峦叠嶂，配上姿态万千的淡雅绿植，各臻其妙。

　　这就是安静的力量，它可击穿一切。

庭院一角

春秋拾光

设计单位		设计师	摄影师
苏州师造建筑园林设计有限公司		朱高峰	张坤

花园面积	项目地点	设计团队
140 m²	上海	龚振辉 宋海波 方涛 陈成 施倩倩 张孟欢

 庭院设计元素解读

庭院设计常用材料

木材

木材是一种"暖性"材料，给人
以温馨舒适的感觉。木材铺装常用于
临水平台、木栈道以及各种园林建筑
小品下面。木材的价格因材而异，变
化比较大，常见品类有菠萝格、芬兰

休闲平台

木等。室外木材选用防腐木为好，但成本高。

　　菠萝格：菠萝格属于硬木，生长在热带，颜色呈红褐或黄褐色，是一种高密度高硬度的木材，具有天然的防腐能力，是良好的户外景观建材。

石材铺装

石材

　　石材分为天然石材和人造石材，常用的有花岗岩、大理石、毛石、板岩、卵石等几类。根据石材表面形式的不同，又分为：光面、烧面、拉丝面、凿面等。

金属材料

　　金属材料表面具有金属所特有的色彩，还有良好的反射能力和不透明性。金属材料的强度、熔点、刚度和韧性较高。景观常用金属材料有：不锈钢、耐候钢、铝合金、铜等。

金属雕刻

复合材料的应用

庭院赏析

庭院空间高低错落

中国人讲究生活与自然相融。这个比较传统的院落四周环绕着独立式老洋房住宅。虽然初见之时，建筑外立面已露新颜，但是从院内院外树木的年轮，依然可以看出时光留下的春秋记忆。

整体空间私密度高

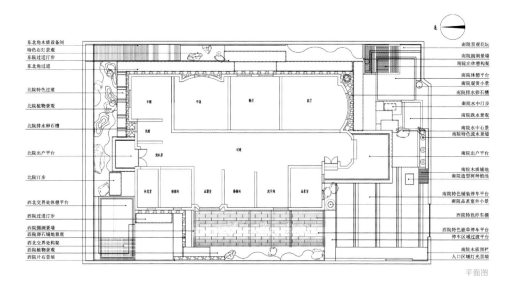

北

东北角木质设备间
特色石灯景观
东院过道汀步
东北角过道

北院特色过道

北院植物景观

北院排水卵石槽

北院出户平台

北院汀步

西北交界处体憩平台

西院过道汀步

西院圆涧景墙
西院卵石铺地景观
西北交界处构架
西院植物景观
西院片石景墙

南院景观花坛

南院圆涧景墙
南院出休憩构架

南院休憩平台
南院观赏小景
南院排水卵石槽

南院水中汀步

南院跌水景观

南院水中石景
南院特色流水景墙

南院出户平台

南院木质铺地
南院造型树种植池

南院特色铺装停车平台
南院品茗室室外小景

西院特色停车棚

西院特色嵌草停车平台
停车区域过渡平台

南院木质围栏
入口区域灯光景墙

平面图

　　"盖居室之制，贵精不贵丽，贵新奇大雅，不贵纤巧烂漫。"改建过后的建筑设置了大量的门窗与院内朦胧呼应。

　　"开窗莫妙于借景"，每扇窗内的居住功能对窗外的情感诉求是不同的，邻院风景各显神通，在这局促的空间形成动静相宜，就更显难度了。

　　"常见文人制曲，一折之中，定有一二出韵之字，非曰明知故犯，以偶得好句不在韵中，而又不肯割爱。"

框景

细腻的纹理

环绕建筑四周的宅院，虽宽窄起伏变化小，但是在春秋时令中依然有着各自的特征。南院开阔，围墙低矮，院外绿树成荫，形成美丽的天际线；东院狭窄，空间幽静；西院与院门呼应，几棵历尽沧桑的香樟树列于围墙一侧，枝叶繁茂，零散的光影穿插其中，映射在地面上；北院则于屋后营造出私密的开阔。

对于一个空间而言，只有我们发现它的性格，才有可能因地制宜地创造出情感的语言。

流水墙

庭院水景

"情事新奇百出，文章变化无穷，总不出谱内刊成之定格。"

春秋，晴雨，朝夕……大自然的语言是朴实而美妙的。

初入院门门厅，我们便想趁着月夜，将月光朦胧之美从门缝间倒映成生命的模样。

拾阶而上，并不只是步移景异的代名词，由远及近，同一直线范围的视线也会产生心与心的交融，归宿之情感，往往就是如此的触手可及。

位于房屋主门厅前列的动感涌泉和安静水面相得益彰，浮掠着来自院外的倒影和时光年华。

水景旁的休闲空间

漂浮在水面的老石头探出丛丛绿叶，或冬日午后暖阳，或春至晨暮，或夏至徐徐清风，这本来就该是生命的模样。

"合前之曲既使同唱，则此数句之词意必有同情。"

东院、西院列于建筑左右，左前右后，两个圆月门洞折叠了翩翩竹景，"宁可食无肉，不可居无竹"。每一束穿越的光影，每一片落下的草叶，每一组盛开的花，都陪伴着岁月的流年，轮回变化着成长的印迹。

"世人但知曲内宜合，乌知白随曲转，不应两截。"

添水

长廊

凉亭夜景

很多人造园，只知春秋与时令光景有关，北侧花园永远给人以阴冷的感觉。殊不知繁华过后，偏居一隅，享受天伦的冷暖自知，也是一种自得其乐。

如果南花园作为居宜的"户外客厅"，那么，北花园一定是最具人情味的私语空间。起伏的脉沿，微亮的石灯，把木檐的宁静带进心扉。

时节在变，朝夕不变。

于春秋间，小心翼翼地拾起不同的时光记忆，

珍藏，

才更有意义。

庭院软装

阶级

石灯笼一

石灯笼二

筑梦町园

设计公司
上海东町景观设计工程有限公司

项目地点
上海

花园面积
150 m²

庭院设计元素解读

 喷雾景观

自然界中有很多以雾为主题的景点,如黄山云雾、峨眉云海、江南烟雨等,而喷雾景观是一种新型的水景形式,它可以真实地模拟自然界的雾景,具有降温、增湿、除尘、除臭、增加负氧离子等功效,环保效益相当高。

喷雾景观具有美学特性,雾景或动或静,都能表现出美的形态,在不同的时间、环境条件下呈现出不同的景观。

一套完整的喷雾系统由水质净化系统、电脑远程控制系统、喷雾主机、高压管网及雾化喷嘴组成,需要经由专业公司规划设计安装。

雾化效果

庭院赏析

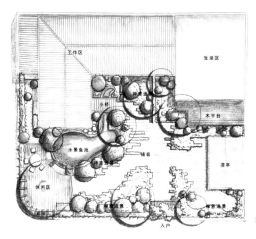

平面图

当园林遇上建筑，合理地利用空间，将园林与建筑和谐地融合在了一起。

竹篱笆、灯笼、水钵等冷色调元素，简单却吸引眼球，这些点缀物可增添庭院景致情趣。

入口处

大门处

建筑是综合性的艺术，是凝固的史诗。建筑体现人类的历史，尤其是文化史，体现了各国人民丰富的想象力和独特的思维方式。园林则崇尚自然，在这里，山是模拟自然界的峰峦壑谷，水是自然界溪流、瀑布、湖泊的艺术概括，植物也反映着自然界中植物群体构成的那种众芳竞秀、草木争荣、鸟啼花开的自然图景。园林更是建筑及室内空间情感的延伸。

庭院的植物配置一

庭院的植物配置二

庭院一侧

室内景观效果

一个独立的花园能满足这里工作人员的休闲需求。

水面雾化

触景不只有生情，它更能触发你的设计灵感；景致对设计师来说尤为重要。

整个院子除了建筑部分，其实绿化面积并不大，但是为了满足不同室内空间的观景需求，庭院的景观做得高低错落有致，预留更多空间留给工作人员活动休闲。

休闲设施

通过高差在小范围打造错落有致的景观

小桥

庭院摆件一

庭院摆件二

雾化使空间变得更加幽静和浪漫，从功能上看也能优化空间小气候，滋润万物。

为了减少调节温度而产生的能源消耗，建筑大部分被植物包裹。

室外狭道

玻璃墙面

在上海，能在园林环境中独立办公是一件很奢侈的事情，这一设计在这块土地上实现了园林与建筑的完美相遇。

办公空间

在照明设计上，设计团队不打算用光"做"出特色，只是用光强化已经存在的特色。

室内照明一

室内照明二

庭院夜景一

庭院夜景二

茶室庭院

设计师
王健安

花园面积
茶室面积为 15 ㎡,
庭院面积约为 200 ㎡

项目地点
哈尔滨

庭院设计元素解读

苔藓造景

　　苔藓适合生长于阳光散射的空间和酸性的土壤中, 适合的温度和稳定的湿度, 是苔藓生长的重要保障。

苔藓

第一步：采苔

苔藓一般可以自采或网购。

苔藓分布广泛，房前屋后、城市郊外都能见到它的踪迹。只要有一定的湿度和光照环境，苔藓就可以人工培育，独立打造成苔藓景观。

第二步：备土

一般以沙壤土为好，在保证疏松透气之余，也要求有一定的保水性，所以保水性强一些的基质也可以，如黄泥土或草炭。备土要做好疏水层，可以通过在基质中掺入一定比例的颗粒，以解决黏土富有腐殖质而通透性不够的问题。

第三步：移植

苔藓可以略带薄土进行铺设，依据不同的需求铺设，或紧凑，或适当留白，也可以点石，辅助种植其他植物。苔藓铺设过程中需要用手或者筷子粗细的竹签压紧，使苔藓和盆土贴合紧密，促进生长。

盆景

庭院赏析

　　在钢筋水泥的城市中，坐在静谧的茶室或在庭院中走动时，仿佛置身山林空谷，听雨喝茶，或看着雪景小院，围炉煮茶，都别有一番诗意。

后院

小茶室

　　王先生平时很爱喝茶，于是把自家的飘窗改建成一个日式的小茶室。

　　茶室坐北朝南，布置有茶桌、茶炉、铁壶、茶棚、茶炭等。右边壁龛内挂了一幅日本书法家今城昭二先生的作品，整个茶室给人一种闲适雅致的感觉。

日式小茶室

茶室外景

茶室右侧立有一座春日型石灯，植物配有黑皮油松、南天竹、羽毛枫、大兴安岭杜鹃、马莲、青苔和蕨类。春日里这个角落一片青葱，植物高低错落，仿佛置身山林。

植物配置

茶室正前方立了一个石塔尖，配有丛生的五角枫和蕨类植物，茂盛的蕨类植物为石塔尖增添了几分神秘。最远端是一座十一层石塔，配以黑皮油松和地柏。

茶室后方是个日式风格浓郁的角落，用竹帘和竹篱笆遮挡住了外部的环境，在这个角落布置了一个自然型石灯和水钵。植物配有丛生白桦、茶条槭、三角枫、五角枫、竹子、五针松、地柏、蕨类和苔藓。

园路两侧

庭院一角

　　需要注意的是，哈尔滨冬季室外温度能达到零下三十多度，五针松、南天竹、羽毛枫、菖蒲等植物在室外不能过冬，须移到室内越冬。

　　庭院中每一块石头都是精心挑选的，走在庭院里，仿佛有一种置身于山林中的感觉。

自然石块

在这个庭院里，没有给狗和猫太多的限制，它们在这里怡然自乐

宠物在庭院中

　　步入秋天，庭院中很多植物的叶子都开始变色了，在大自然这位优秀的调色师手下，不同程度的黄叶、红叶和绿叶将整个庭院装扮得更有意境。

　　在外忙碌奔波了一天后，回到家里的茶室，静静沏上一壶茶，闻着茶的清香，看着茶的雾气氤氲及茶室外的庭院风景，慢慢地喝上一口茶杯中清澈的茶汤，心灵也会变得宁静祥和。

秋景

落叶

"侘寂"日式庭院

设计单位
虹越花卉

项目地点
浙江杭州

庭院设计元素解读

日式庭院小景

日式庭院的整体风格和中国山水有一脉相承的地方，但其实很容易区分出二者的不同。中国庭园注重写意，有时候大情大性，像李白的诗。日式庭院就相对严谨、细致，注重细节，尤其是很注重营造禅定的氛围，一块石子的摆放都是有讲究的。而且很多日式庭院中包含了温泉汤池的部分，所以也十分注重周边私密性的设计。

竹篱笆

锦鲤池

竹篱笆：编织的艺术

竹篱笆是日式庭院中必不可少的元素，主要用作围屏。很多庭院四周的竹木制高栅栏既充满了质朴的东方美感，又提升了花园的私密性。竹篱笆的原材料除了原生竹之外，近年来铝制和塑料制人工竹也因其不易腐烂等特性而得到广泛应用。

锦鲤鱼池：游动的宝石

锦鲤鱼池是日本庭院中另一个十分常见的元素，它们代表湖泊或海洋，给庭院带来了色彩与生命。在休闲区会有大型的锦鲤鱼池，自家后院也容纳得下小的鱼池。

添水

逐鹿：有声音的景观艺术

逐鹿，也叫惊鹿、鹿威、添水、惊鸟器。

逐鹿通过杠杆原理，利用储存一定量的流水使竹筒两端的平衡打破，然后竹筒的一端敲击石头发出声音，水满，声响，用来惊扰落入庭院的鸟雀。那"哆"的一声，如灵动的小鹿一般，与植物、风、气味、光影一起，唤起了人们对自然之美的感知与喜悦。

石灯笼：日本庭院的守护神

在日本的庭院中，经常会见到石灯笼，有时藏在草丛中青苔下，有时立在一池水边，像是庭院的守护者一般。石灯笼是日本石文化的重要内容之一，表达"立式光明"的意思。

石灯笼

蹲踞：最谦卑的装置

蹲踞是日式庭院中常见的一种景观小品，是用于茶道等正式仪式前洗手用的道具。蹲踞通常为石材制作，并摆放有小竹勺和顶部提供水源的竹制水渠。作为能够清洗身体和内心罪恶的象征物，蹲踞在寺院和神社中是必备品，与石灯一样，原本也是因为茶道而率先设置的。

蹲踞

砂石：枯山水的必备元素

枯山水用石块象征山峦，用白沙象征湖海，只点缀少量的灌木或者苔藓、薇蕨。白砂的曲线可以代表大川、海洋，甚至云雾。于看似单调的白砂之上，扫出涟漪式、波浪式、漩涡式、回纹式的平行线条，造成无水却似有水之效果。石头则可寓意大山、岛屿等。

枯山水

庭院赏析

与业主深入交流后，最能描述业主的理想庭园的词，设计师第一个便想到了"侘寂"（わ び さび /wabi sabi）。侘寂是日本美学意识的一个组成部分，大意是一种不刻意突出装饰和外表，强调事物质朴的内在，并且能够经历时间考验的本质的美。

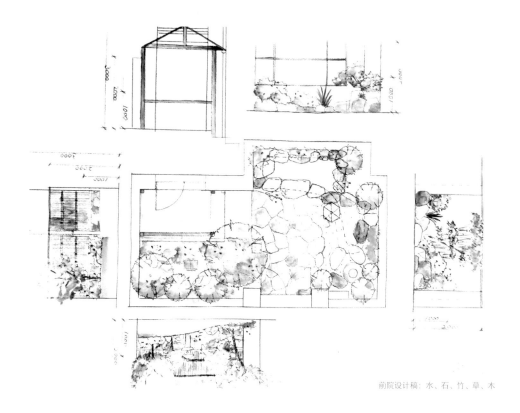

前院设计稿：水、石、竹、草、木

篱笆和篱笆附近的植物都是非常重要的元素，植物除了美化作用，还能保护隐私，分割空间。日式庭院对植物层次的要求很高，可以没有花，但不能没有木和草。如果空间够大，能够移植一些小株的松柏是再好不过的选择，因为日本人最喜欢用细叶类植物。而气候比较湿冷的日本庭院里的石头常常会长出斑驳的苔藓，会增加整体环境的年代感。哪怕空间并不大，注意这些细节也能布置出内秀型的日式小庭院。

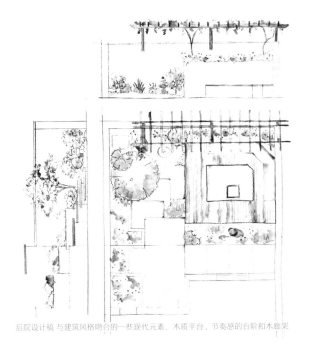

后院设计稿 与建筑风格吻合的一些现代元素，木质平台、节奏感的台阶和木廊架

日本所特有的禅宗庭院，精巧细致，讲究造园意匠，极富禅意和哲学意味，形成了极端"写意"的艺术风格。院内的树木、砂石、土地、雕像……常常是寥寥数笔中蕴含着极深的寓意。一沙一世界，这些细节和小精灵们，在修行者的眼中就是海洋、山脉、岛屿、瀑布。

庭院一角

在大多数日式庭院里，经常要修剪树木和灌木，使它们大小相宜，并留下足够的空地。在该庭院中，日式风格植物主要有日本红枫、山茶、杜鹃、竹子、苔藓、蕨类等。挺拔秀丽的乔木，成为庭院造景的中心，两棵日本红枫分别成为南北两院的焦点，春秋叶色鲜红，夏季变绿，冬季落叶，给庭院带来了美妙的季相变化。山茶、杜鹃春季开花，很好地给院子提供了色彩变化。美国凌霄等爬藤植物充分利用垂直空间，带来了花和立面效果。

鱼池边大石头需要从各个角度进行揣摩，哪个观赏面比较好，从不同角度看是什么效果，这些都需要综合考虑。对植物的选择，也体现着主人的造园情怀。石头与植物巧妙地融合为一体，自然和谐，妙趣横生。设计时充分考虑最佳观赏面，并对欠缺之处加以修饰。

树池

地被

蕨一

蕨二

草本植物

竹篱笆

石阶级

石块

台阶为自然石材，从乡村中取材而来，带着岁月的沉淀，源于自然，高于自然。庭院主人的诉求是想打造简单纯粹的日式庭院，在日本造这样的庭院很简单，但在中国存在着文化、材料、美感等种种的差异，实际操作起来难度还是有些大，譬如一块一块找寻有特质的本地石材。在综合了日式庭院的特点和业主的要求后，设计团队在富阳的山上发现了久经岁月沉淀的石头，取之而来，用于造园，自然的气息处处有。

铺设石块

禅趣雅居

设计单位
苏州廷尚景观工程有限公司

花园面积
500㎡

庭院设计元素解读

瓦的新生

对瓦最早的利用可以追溯到西周时期，瓦作为屋顶覆盖材料，遮风避雨，同时具有保温隔热的功能。到秦汉时期，生产力得到发展，出现了享誉世界的"秦砖汉瓦"。

瓦给人古朴、素雅、宁静以及沉稳的美感，具有抗冻性能好、不褪色、寿命长、耐腐蚀、强度高等特点。在中国古典园林中常用瓦片构筑花窗、景墙、铺装。

灰瓦花窗

中国美术学院象山校区是王澍用废旧砖瓦建造起来的。传统的材料，低廉的成本，完成了一个大学新校园的建设。虽然这些瓦片的大小、颜色、尺寸不尽相同，但因其悠久的历史感，完全融入了周围环境中。

中国美术学院象山校区

成都新津知博物馆由隈研吾设计。博物馆的外立面由大片的玻璃和钢组成，现代化的建筑材料与周围的灰色环境并不融洽，显得非常突兀。因此，隈研吾特意在建筑的外立面覆盖了一层由钢丝悬挂的瓦片，让瓦片的灰与周围环境的灰相融合。

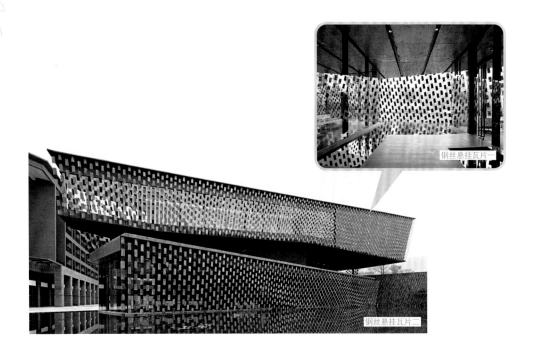

钢丝悬挂瓦片一

钢丝悬挂瓦片二

庭院赏析

"静观万物长生道，坐等花开几落时"，喧嚣的城市之中，主人寻求一席静谧之地，不张扬却有内涵，宁静却有四季动态变化。茶亭之中打禅，万物皆在眼中，树枝沙沙，溪水长流，蝉鸣鸟叫，花儿窃语，安静又富有动态。

平面图

水榭

"庭院深深深几许"，宁静致远。环绕院落，与自然融为一体，仿佛置身事外，独享这一方天地。从北院小景到侧院中门，再到南院豁然开朗，此起彼伏，悠远而又欢快。

竹篱笆

屋缘瓦片与卵石铺装

白砂与踏石

过渡设计

砾石、山石、苔地、溪流等的巧妙衔接，将整个院落融为一体。砾石的曲线代表大川、海洋；山石又寓意大山、岛屿；苔地则展现了自然生态。此景源于山水庭院，又摆脱了诗情画意，而走向枯寂境界，处处体现了人与自然的和谐。

不同材质的园路

庭院一景

门庭外，黑松飘然而出，配合围墙砖瓦、木质门头，未进院落就能感觉到日式禅意的浓厚气息，也体现了主人对庭院的品位。茶亭中，可观庭院全景，近处坡地砂石跌宕起伏，绿意盎然，白砂幽静，远处山石溪流曲水流觞。置身半亭中，处于院子制高点，放眼院景，远山

白砂如海，置石为山

假山

近水，鱼儿在脚底游玩，水池和半亭结合巧妙，使得空间利用达到最大化。西侧砾石无尽延伸，寓意溪水源远流长，无穷无尽，置身其中，可沉思，可冥想，悟出人生真理。滴水小品与石灯组合成景，增添了庭院的趣味，增加了庭院的动感。

添水

池塘

因地制宜，移步异景，中式庭院设计手法的运用，加入日式禅文化，巧妙结合，让此庭院多了一份内涵和文化。

"片石孤峰窥色相，清池皓月照禅心，指挥如意天花落，坐卧闲房春草深。"修平常心，体会一切皆自然之道，佛为心，道为骨，枝在手，能在身，思在脑，从容过生活。三千年读史，不外功名利禄，九万里悟道，终归诗酒田园。

茶室一

亭

茶室二

第三章
西方风情

湖畔佳苑

设计单位	花园面积	项目地点
上海东町景观设计工程有限公司	700㎡	上海

庭院设计元素解读

美式风格庭院

　　美式风格有别于其他西式风格所展现的华丽和奢华，它的自然朴实、纯真活力吸引了更多人的推崇。美式风格在保持一定程度的西方古典神韵的同时，形式上趋于简练随意、自然淳朴，更具有简洁明快的特点。美式庭院景观是自由主义的体现，它的空间规划不拘一格，在有限的空间里，创造出一个移步异景、观之不尽、自然淳朴、环境舒适的高品质庭院。

简洁的园路

美式庭院景观元素

①装饰小品: 花钵、秋千、景观雕塑等为庭院景观的精致展现,起到画龙点睛、烘托气氛的作用。

②花架: 花架是美式庭园中应用最多的构筑物之一,常用材料有木材、石材、砖或混凝土,也有采用与古典柱式植物花架相结合的。

③水景: 流水的雕塑在置石、鲜花、绿植等的衬托下,显得格外别致。

④景观照明: 它不仅具有较高的观赏性,还强调艺术灯的景观与景区历史文化、周围环境的协调统一。

⑥休闲躺椅: 水池边,屋前,在阳光下,睡个午觉,晒晒太阳,边休息边欣赏周围的迷人景致。崇尚自由的人们会对此情有独钟。

⑤烧烤台: 烧烤 (BBQ) 是美国的一种独特的饮食方式与文化,朋友或家庭轻松、和睦地聚在一起,或相互攀谈,或聚会游玩。

⑧植物: 根据庭院场地的规模来进行植物的搭配。沿着小径边可以种植一些小株季节性的草本植物作为花径,如玉簪、洋水仙、矮牵牛等,形态生动的植物与丰富的色彩使庭院自然淳朴。

⑦壁炉: 除了取暖,还有很强的装饰性,室外高大的壁炉,流露出纯粹的美式风格。

庭院赏析

湖畔佳苑坐落于沪青平公路别墅群，沿袭西方建筑的简洁与东方建筑的神韵，在内敛中展露独有的高雅意境。别墅主人骨子里透露出的浪漫情怀令设计师对"家庭与花园"有了更深刻的认识。经过观察与交流，设计师为业主量身定做了这个浪漫甜蜜的简约美式风格花园。

改造前

改造前的入口处，大盆栽也缺乏美观，地面的垃圾已经很难清理。原有的房屋建筑，把花园分成了狭小细长的两段。面对这些问题，设计师另辟蹊径，将所有问题巧妙化解。

设计师对简约美式庭院的理解是自由活泼的，现有的自然景观会是其景观设计表达的一部分，自然热烈而充满活力，于是就有了溪流、草地、灌木等元素加入花园景观。

改造后

进门便能看见采用了蒲公英图案的耐候钢板，搭配圆形灯为花园的入户空间增添浪漫温暖的氛围。

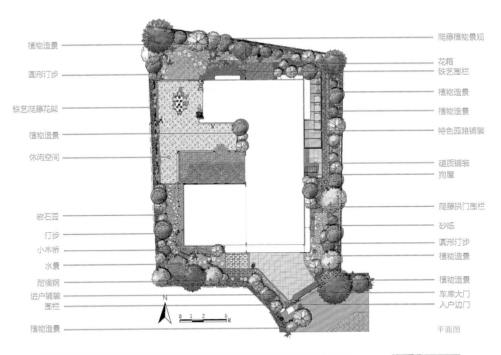

植物造景

圆形汀步

铁艺爬藤花架

植物造景

休闲空间

岩石园

汀步

小木桥

水景

耐候钢

进户铺装

围栏

植物造景

爬藤植物景观

花箱

铁艺围栏

植物造景

植物造景

特色园路铺装

硬质铺装

狗屋

爬藤拱门围栏

砂砾

圆形汀步

植物造景

植物造景

车库大门

入户边门

N
0 1 2   6
M

平面图

入口植物配置

往前走，就看到黄锈石汀步搭配青青草坪，石头堆砌出的假山搭配水景和蓝色小桥，在镜头下显得异常可爱。细小的黄金砂砾与圆形的硬质石板搭配，周围配置植物与石块，营造出枯山水的效果。

活动空间

效果图

小桥流水

　　落地窗边的水池是紧贴着墙面的，这个水池设计是一大亮点。白色建筑搭配蓝色泳池，清爽大气。与之搭配天蓝色爬藤架，提升了整个空间的格调。

过道

围栏攀缘植物

泳池

植物造景

小路这头是一个灰色小木门，另一边采用树叶图案的铁艺围栏，配上红枫，体现了浓厚的美式风格。

镂空围栏

玻璃墙面透出室内灯光

庭院一角

水景延伸到了窗外，采用了模拟溪流的做法，显得更加自然亲切，从窗内也能欣赏到美景。

庭院夜景

庭院的边角用了小花砖，与紫色的花结合，使空间的色彩更加协调，泳池旁还摆放了可供休息的防水座椅。

特色花砖

莫干山下欧式小院

设计师
刚性悬挂

花园面积
40㎡

项目地点
浙江

 庭院设计元素解读

欧式风格庭院

欧式庭院是典型的规则式庭院，具有丰富的历史，主要有五个分支：意大利台地园、法式水景园、荷式规则园、英式自然园、英式主题园。庭院中有修建整齐的灌木丛和具有特色的纪念喷泉，还会用花钵、花盆去点缀，这就是严谨中的一丝浪漫，给人以视觉上的享受且具有时代感。

主题小景

意大利台地园

意大利台地园被认为是欧洲园林体系的鼻祖，意大利的山地和丘陵占国土总面积的 80%，它的建筑都是因其具体的山坡地势而建的，因此庭院也是一层层台地。

埃斯特别墅

埃斯特别墅

埃斯特别墅庭院分为八层台地，上下高差 50m，由一条装饰着台阶、雕像和喷泉的主轴线贯穿起来。中轴线的左右又有次要轴线，在各层台地上种满高大常绿乔木，一条"百泉路"横贯全园，林间布满小溪流和各种喷泉。在巴洛克时期又新增大型水风琴和具有各种机关变化的水法，因此又得名"水花园"。

英式自然园

英式自然园以开阔的草地、自然式种植的树丛、蜿蜒的小径为特色。不列颠群岛潮湿多云的气候条件促使人们追求开朗、明快的自然风景。

查兹沃斯庄园二

查兹沃斯庄园一

查兹沃斯庄园

查兹沃斯庄园包括郊外公园、农场、牧场、树林、花园和庄园别墅。经过多个世纪的修建，演变成以自然式风景园林为主，并使规则式元素和谐地融入其中的风格特色。从整体上看来，园林内部与外部对比非常强烈，自然式与规则式的对比过渡自然。

法式水景园

法国人没有完全受到意大利传入的园林风格影响，而是利用建筑、道路、花圃、水池及形态十分整齐的花草树木，如同刺绣一般编织出美丽的图案，形成极富组织的古典主义风格园林。

凡尔赛宫一

凡尔赛宫二

凡尔赛宫

凡尔赛宫全园以"轴线式"进行布局设计，将建筑统筹到全园的景观布局之中。全园主体景观结构中，平坦的地形上应用了大量水渠和运河等静态水景。这些像镜面一样的规则式水面使全园增加了一种辽阔、深远的气势。

庭院赏析

这座花园坐落于浙江省湖州市德清县的莫干山脚下，莫干山风景迷人，是中国四大避暑胜地之一。这座欧式花园起建于 2016 年，期间不断地修建。院子以欧式喷水池为中心，植物有红梅、罗汉松、橘子树、枫树、月季等应季花草。

鸟瞰花园

中心喷泉

欧式喷水池

走进这座欧式小院，最引人注目的就是中央的喷水池。花岗岩质地的喷泉，古朴而典雅。池边种上一圈细碎的植物，整个喷水池变得更有活力，同时在一定程度上能防止儿童靠近水池。

花园主人家里有两个小孩，于是花园里摆放了很多童话人物公仔，如树脂白雪公主、树脂小马，它们或隐匿在枫树下，或摆放在路边的草地上，使整个花园颇具童话气息。

枫树下的迎宾小物

花园里的白雪公主

红陶与灰陶

盆器的选择上以欧式风格的陶盆为主，有灰陶和红陶系列，陶盆上的纹理使其更具异域风情。陶盆是欧式花园中最常见的元素之一，陶盆大小不一，多个花盆一起搭配放置比单个花盆更好看。

灰陶

绣线菊与高脚花盆

吊盆与花架

喷泉脚下的盆栽

　　花园中摆设了各类欧式风格的园艺小物，如吊盆、喂鸟盆、花车等，与植物结合，为这个花园增添了许多色彩。待藤本月季和铁线莲爬满铁质花架时，花开的季节，这个花园一定会更美。

白色的花车上摆放了很多颜色、材质各异的花盆，这是花园中可以移动的一道美景。

花园里有很多盆栽，花园主人按自己的喜好将这些盆栽分成几个不同的组合，每个组合打造成一个花坛，每个花坛都有不一样的美。

花园总是在变化着，花坛的植物和造型经常会更换，于是花园的每一天都值得期待。

花架

陶罐

花境

都市花园

设计单位	花园面积	项目地点
上海苑筑景观设计有限公司	120㎡	上海

庭院设计元素解读

庭院照明设计

庭院灯光除了在夜晚提供照明，方便行人游玩之外，也是庭院景观的一个重要方面。高层次的庭院照明是使灯光达到月光的照明效果，即通过灯具的巧妙设置让人们产生一种错觉，以为眼前的场景效果仿佛完全是借助月光达到的。例如，把灯具设置在树木的分枝上，园路披上光斑和阴影，有月光透漏下来的感觉。

光斑的纹理也是庭院美的组成部分

庭院照明应考虑几个方面：

1. 灯具安装的位置

灯光设计应尽可能做到"见光不见灯"，灯具尺寸应与环境相配合，灯具风格也应与庭院风格相一致。庭院灯具多数小巧精致，既提供照明，又与庭院相融，打造具有别样视觉感受的夜景。

见光不见灯

2. 灯光颜色的选择

在黄光下植物显得苍白，而在蓝白光下植物则会显得茂盛、青翠。在活动区域的灯光照明则可以使用较暖的灯光色彩，打造环境氛围。

活动区域适合暖光

3. 绿色节能的考虑

能否合理节约能源是衡量绿色照明设计好坏的重要因素，庭院中的装饰照明和功能性照明应分开电路，这样在夜晚可根据需要开启照明系统，避免能源浪费。

庭院赏析

这座花园位于上海，极具个性，处处体现着主人的个性与时尚。

整个花园面积约 120 ㎡，以与室内风格相似的灰调为主旋律，花园以开放的设计方式，结合功能的需求，围绕实用和美观展开布局，在花园里建造了鱼池、亲水休闲平台、户外就餐区、洗衣吧台、设备收纳房、有机菜地、洗衣晾晒区和阳光草坪。

庭院夜景

亲水平台

南边的水景与室内起居空间呼应，是室内空间的一道对景，园主在室内就可观赏到水池的潋滟灵动之美。

园中结合水域设计了木平台，将来在此处放置秋千，可以很好地近观鱼儿的游动，享受一段恬静的午后时光。

夜晚的亲水平台

草坪

草坪区域不仅让视觉感扩大，还可作为灵活的活动空间，如晾晒、烧烤扩展区域等。

草坪周围是多年生花境植物搭配，为了迎合灰调的花园气质，在植物配置上搭配了观赏草，自然野趣与摩登灰调非常合拍。花境植物主要有：双色鼠尾草、紫色狼尾草、小兔子狼尾草、肾蕨、无尽夏绣球、蓝雪花、迷迭香等。

花境植物搭配

双色鼠尾草

蓝雪花

　　户外就餐的休闲区，固定的坐凳与植物结合形成围合感，对面收纳吧台，既能作为洗衣机储藏空间，又是户外烧烤空间，合二为一。

户外就餐区

绿篱与围栏

　　西面与南面的休闲区用冬青绿篱和木围栏交替围合，保证了其私密性，也让立面多了份律动与变化。

欢聚时光

白天"冷淡灰"的花园，到了夜晚在璀璨灯光的映衬下便展示出它温馨柔情的一面，家人朋友可在这温馨的庭院里享受着相聚的欢乐时光。

灯光下的花园

西北角的菜地沿着院墙而坐，最大化利用空间。灰色的铝合金屏风用来划分休闲区域和劳作的菜地区域，半透的视觉效果保证了空间的开阔感，也加深了空间的层次。

铝合金屏风

花园的小饰品由园主与设计师共同挑选，摆放在花园的各个角落，让灰调的花园也处处体现着生活的浪漫情调。

南瓜灯

一个花园，一个故事，一种生活。正如花园主人的性格一样，这个花园也是时尚与细腻并存。灰色调非常摩登，但是随处可见的装饰小细节又体现了这个花园不一样的温馨，总是能带给人们惊喜。

云树村花园

设计单位
杭州临安秋实园艺有限公司

花园面积
400 ㎡

项目地点
浙江杭州

 庭院设计元素解读

草坪管理与维护

　　庭院草坪能提供开阔的视野和活动空间，南北方不同区域应根据自身气候条件选择合适的品种。而草坪本身是需要高度维护的，日常修剪、除杂草、施肥、防治病虫害的频率较一般的绿化植物高。

草坪一

草种选择

在楼群和树下遮荫较重的区域，应选择耐荫草种。如冷季型草型可选择紫羊茅与草地早熟禾等混播，暖季型草坪可选择钝叶草、地毯草。

对于开放型庭院草坪，由于易受人为践踏和破坏，应选择耐践踏，再生能力强的草种。冷季型草坪可选如高羊茅、草地早熟禾、多年生黑麦草等；暖季型草坪可选如结缕草、狗牙根等。

紫羊茅草坪和草种

狗牙根一

狗牙根二

修剪

草地早熟禾、细羊茅、多年生黑麦草草坪或它们的混播草坪，修剪高度可控制在 4 ~ 5 cm。高羊茅、斑点雀稗或地毯草草坪，修剪高度应稍高一点。普通狗牙根、假俭草、钝叶草草坪，修剪高度为 4 cm，而杂交狗牙根和结缕草草坪，修剪高度可低至 2.5 ~ 3 cm。

草坪二

剪草机

浇水和施肥

一般条件下不浇水，干旱季节每周浇水一两次，可采用地埋式或移动式灌溉设备。氮肥施用量为每年每公顷 100 ~ 200 kg 纯氮。

除草和除病虫害

庭院草坪上偶尔使用梳草或垂直修剪去除枯草层，典型的去除杂草的方法是施用除草剂。草坪害虫如蛴螬、长蝽、黏虫等可用杀虫剂来控制，祛除庭院草坪病害可用杀菌剂。

庭院赏析

　　花园的主人是一对钟爱花草、注重细节的人。当初因为花园这座流水景墙而爱上这里，选择了在这里落户安家。恰恰也是这堵景墙让他们产生了烦恼——景墙离围墙还有 1.5 m 的距离，使得花园空间无法充分利用，空间显得局促。为此，设计团队广泛选材，保护雕塑，调整基础，在靠近围墙的位置还原景墙，既保留了流水景墙，又提升了空间利用率。

流水景墙

景墙正面

景墙侧面

厨房门外植物墙

草坪三

草砖

　　进入花园，首先穿过的是一片自然气息浓郁的过道。在过道的中间处设置了一道植物墙作为厨房开门的端景。

　　走出过道，就能看到一片宽敞的草坪空间，可供家人在草地上娱乐，对此，设计团队选择了耐践踏的草种——马尼拉草，它生命力顽强。

草砖园路

白墙与树影

　　草坪的中间有一处业主极爱的流水景墙，为花园增添了一份自然与和谐。花园入口的左侧是户外烧烤台和壁炉，这里是朋友聚会的好去处。午后的阳光下，开敞的草坪空间搭配上烧烤平台，足不出户也能享受野餐的幸福感。

狭长过道

攀援植物

花园有两处下沉式庭院，可以泡一壶茶，躺在摇椅上，享受这一刻的宁静；也可在游园的同时，坐下小憩。为了满足业主种植农作物的需求，设计师在侧院设置了一片菜园。花园在满足功能性的前提下，展示了独特的美。

盆栽

花砵

可爱的盆栽

多肉植物

彩叶植物

路边花草一

路边花草二

路边花草三

植物造景

摆件一

摆件二

摆件三

竹香花海

设计单位	花园面积	项目地点
杭州临安秋实园艺有限公司	380 ㎡	浙江杭州

庭院设计元素解读

打造庭院浪漫氛围

植物的色彩影响性格情感,可以为庭院带来丰富的遐想空间。植物的自然生物钟，朝花夕拾、四季气象，时光荏苒能渲染浪漫的自然艺术气息，体现时光流逝，季节变化。

大型叶和树形疏松的植物常带来生机蓬勃的感觉,例如榕树、梧桐等常见绿化树;而株型规整的植物则是严谨肃穆的，例如松柏。植物的质感、纹理让人产生很多主观想象，所以在打造庭院浪漫氛围的时候，需要选择质感细腻、季相丰富的植物。

结香

>>>>> **浪漫庭院的色彩搭配**

　　庭院浪漫氛围的打造还可以从庭院软装的色彩搭配入手,庭院里常见的遮阳伞、休闲桌椅、挂饰、摆件等,在色彩上做到搭配协调统一,更容易打造浪漫的感觉。

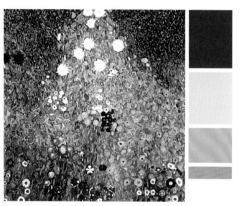 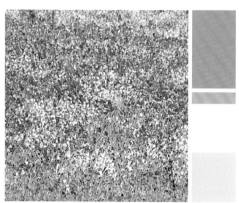

选自《普洛可 2016 家居流行色趋势手册》中的"原野春日"主题。
制作单位:PROCO 普洛可色彩美学社

　　不同的色彩表达不同的情绪,多种的色彩搭配打造空间的场景氛围。"原野春日"主题表现出阳光明媚、花团锦簇、年轻、朝气的感觉。

　　这几种颜色的整体感觉较软,组合搭配整体偏暖,符合"可爱""浪漫""自然"的感受。在挑选庭院装饰摆件或软装配置时,可以搭配使用。

庭院赏析

　　花园的主人是一对年轻的时尚夫妻。年轻的太太有着许多音乐圈的好友，因为他们都喜欢浪漫，所以在网上搜集了许多花园的意向图，让设计师按照这些图片来设计，各种花园照片的风格不一，唯一的共同点就是都很浪漫。

不同高度和观赏期交错的植物搭配

　　设计师告诉业主，要做好一个真正舒适且浪漫的花园，并不是把想要的东西一股脑儿统统塞进去就行的，对花园要合理布局，并且尽量统一风格。最终方案成型后，业主看了很满意。这栋别墅是用作婚房的，婚礼那天，花园刚种下的玫瑰正式迎接了它们美丽动人的女主人。

花园入口

花艺

花园位于杭州市临安区青山湖度假区，自然景观优美。花园入口设计的铁艺拱门是花园女主人指定的，女主人很喜欢蔷薇，希望花园有一个爬满蔷薇的圆形拱门。

花架

月季

屋外种满观花植物

步入庭院，首先映入眼帘的两边大团簇拥的玫瑰花，散发着浪漫的气息。特别设计的草艺碎拼的园路，美观、独特，给人眼前一亮的感觉；放眼望去，建筑入口两边的玫瑰花，在阳光下摇曳生姿。

前院

烤火台

花园入口的左侧是一处被金镶玉竹、各色常绿灌木球及多年生花卉包围的圆形休息平台，其上是烤火台和弧形木椅，可供家人在冬日烤火取暖及烧烤之用，享受庭院的乐趣。

木质平台

后院设计有喷水池

庭院家具

　　侧院的自然汀步加碎石组合，休闲而自然，小路的尽头别有一番风味。特色矮墙前的涌泉在阳光的照耀下，显得晶莹剔透，给花园增添了一份灵动的气息。

喷水砵

流水景观

边缘小喷泉

踏石园路

夜晚，在灯光的衬托下，整个庭院笼罩在和谐幸福的氛围中。在不同的时节，花园处处都有惊喜等待着花园主人去发现。

烤火台夜景

灯光照明效果

图书在版编目（CIP）数据

筑景生情：家庭庭院小景打造 / 凤凰空间·华南编辑部编 .-- 南京：江苏凤凰美术出版社，2020.12

ISBN 978-7-5580-4529-5

Ⅰ . ①筑… Ⅱ . ①凤… Ⅲ . ①庭院－景观设计 Ⅳ . ① TU986.4

中国版本图书馆 CIP 数据核字 (2019) 第 241765 号

出版统筹　王林军
策划编辑　罗瑞萍　马婉兰
责任编辑　王左佐
助理编辑　孙剑博
特邀编辑　苏雨静
装帧设计　马颂恒
责任校对　刁海裕
责任监印　唐　虎

书　　　名　筑景生情 家庭庭院小景打造
编　　　者　凤凰空间·华南编辑部
出版发行　江苏凤凰美术出版社（南京市湖南路1号　邮编：210009）
出版社网址　http：//www.jsmscbs.com.cn
总 经 销　天津凤凰空间文化传媒有限公司
总经销网址　http：//www.ifengspace.cn
印　　　刷　河北京平诚乾印刷有限公司
开　　　本　710mm×1000mm　1/16
印　　　张　10
版　　　次　2020年12月第1版　2020年12月第1次印刷
标准书号　ISBN 978-7-5580-4529-5
定　　　价　68.00元

营销部电话　025-68155790　营销部地址　南京市湖南路1号
江苏凤凰美术出版社图书凡印装错误可向承印厂调换